艺宴

主题宴会设计的经历和心得

张志君 著

中国发展出版社
CHINA DEVELOPMENT PRESS

图书在版编目（CIP）数据

艺宴：主题宴会设计的经历和心得 / 张志君著. —北京：中国发展出版社，2020.12

ISBN 978-7-5177-1183-4

Ⅰ.①艺… Ⅱ.①张… Ⅲ.①宴会—设计 Ⅳ.①TS972.32

中国版本图书馆CIP数据核字（2020）第270639号

书　　　名：艺宴：主题宴会设计的经历和心得
著作责任者：张志君
责 任 编 辑：钟紫君
出 版 发 行：中国发展出版社
　　　　　　（北京经济技术开发区荣华中路22号亦城财富中心1号楼8层 100176）
标 准 书 号：ISBN 978-7-5177-1183-4
经 　销 　者：各地新华书店
印 　刷 　者：河北鑫兆源印刷有限公司
开　　　本：880mm×1230mm　1/32
印　　　张：4
字　　　数：40千字
版　　　次：2021年1月第1版
印　　　次：2021年1月第1次印刷
定　　　价：48.00元

联 系 电 话：（010）68990535　68990692
购 书 热 线：（010）68990682　68990686
网 络 订 购：http：//zgfzcbs.tmall.com
网 购 电 话：（010）68990639　88333349
本 社 网 址：http：//www.develpress.com
电 子 邮 件：10561295@qq.com

群体的礼遇

宴会是对一个群体的礼遇。在人类文明的发展历程中，人们以礼制宴、以宴为礼搭建互动平台，表达敬意、联络感情、增进团结、推动合作，既促进文明发展，又展示文明魅力。中国是礼仪之邦，无论在官方，还是在民间，各种形式的宴会受到了普遍的欢迎。

公务宴会是政治属性最强的宴会。我国对公

务宴会的规格、礼仪、程序、标准都有着明确的规定，有着严格的纪律和规矩，不能堆金砌玉、铺张浪费，但也不能显得小家子气，这些给公务宴会的举办带来了很大局限。唯有在细微处用心用脑进行设计和制作，才能化朴素为神奇，呈现朴实无华而又大气端庄的盛宴。

张志君先生是中国烹饪大师、湘菜大师，也是中国画坛名家，较长时间活跃在公务接待工作一线，在操持宴会方面具备常人所不具备的条件。早在 20 世纪 90 年代，他就秉持"用匠心行大礼"的理念，开始尝试用艺术作外衣、以文化为内涵，开拓主题宴会设计制作的新路。张志君先生别出心裁，把国画艺术与公务宴会结合在一起，用艺术与文化来取代浮华物质的铺排，从而

把宴会的精神品格推向极致，可谓是"烹得佳肴入画来"。这种"以艺制宴、宴而为艺"的形式别开生面，不仅展现了中华美食之美，而且展现了礼仪之邦的礼乐宏章，意蕴悠远，绽开了中国宴会设计的一朵奇葩。我由于分管省委办公厅的接待工作，有很多机会亲历和见证张志君先生操持的一些重大宴会活动，诸如某大学成立50周年"如意中国"主题宴会、一次重要的"平安中国"新春招待会、黄永玉先生80寿宴、"中部崛起"论坛主题宴会等，其精妙的设计、精细的制作、浓郁的艺术和文化气息，获得了各方面的交口称赞。这些年来，张志君先生心心念念在职在艺，职举艺工，如今将其感悟汇集成为《艺宴》一书。

　　在这本书中，张志君先生以亲历的一些宴会活动为基点，深入浅出，侃侃而谈，既分享了他在宴会设计制作中的实践经验，也融入了他对宴会的文化思考。在我看来，这本书是作者诚心诚意奉献给读者的一本"经验手札"，虽然谈论的对象是具有学术内涵的宴会文化，但又不是脱离大众的、老学究式的拗口说教；虽然讲述的主题是具有学科意义的宴会设计和制作，但又不是陈旧生硬的、教科书式的刻板教程。这本书，将其几十年来对于宴会设计和制作的探索、创新、思考、体会呈现出来，为人们认识"宴会"提供了一种新颖的文化视角。这本书的出版，为"艺宴"的设计制作提供了案例，将成为传承和发展中国宴会文化的重要材料，不仅能为宴会一线工作人员

提供有益的启迪，也有助于吸引更多的大师一起探索"艺宴"之路。

从另一个角度来看，《艺宴》还是公务宴会服务人员的颂歌。宴会设计和制作的服务人员，向来都是幕后默默无闻的奉献者，这本书为我们打开了一扇了解这个群体的窗户。如果说宴会是对客人的礼遇，我想，这本书的出版，则是对宴会服务这群幕后工作者的一种粲然礼遇。

徐宏源

2021 年 1 月

作者简介

徐宏源，湖北石首人，高级经济师。现任湖南省委副秘书长、省委办公厅主任。

自

序

成宴之旅

一

　　我出生于那个艰难的、一穷二白的中华人民共和国成立初期。尽管那个年代，每个人都沉浸在当家作主的喜悦和满怀梦想与希望的雄心壮志中，但是吃饱饭仍然是每个人的渴望。作为一个穷苦农户的大儿子，直到我上初中之前，都一直在与饥饿斗争着。为了帮着家里的大人们挣回一天的口粮，每天天没亮就要起床，拿着淘粪耙和粪篓子，捡狗屎攒着工分。要是起晚了，路上就会被人扫荡一光。

对一个孩子来说，食物的匮乏虽然没有太多地令人感受到生存的压力，却充分地激发了口腹之欲。白天上山放牛，闻着青草的芳香，看着牛们大快朵颐，心里不禁有些羡慕嫉妒恨——人居然还不如畜生吃得痛快。所以，趁着牛儿吃得酣时，自己就满心思打着吃的主意。摘些野果，就近在田地里拔个萝卜、摘点菜苔就生吞活剥，或者偷些豆子、红薯、玉米，找一点干柴，就一个土堆，烧了、烤了，平复肚子的抗议。反正只要是人能吃的，总能口舌生香。

捡狗屎，放牛，找吃的，这成了我童年的主旋律，唯一带着一点浪漫色彩的，也许就是胡乱

涂鸦了，甚至痴迷到没有纸笔，就用树枝在泥地上画的地步。也不知道什么缘故，写写画画，成了我出去寻找食物外唯一的兴趣爱好。或者这是命运使然，也或者，这只是在找食物的空闲里，我用来对抗食欲泛滥的一个伎俩。

在今天这个吃喝不愁的时代，这种对食物最原始的渴望，反倒成了不可找回、只能追忆的动人情思。

二

可正当食物从天而降，我却犹豫了，开始惧怕掉进美食的温柔乡里，从此堕落。正是因为画画，我的主要兴趣，已经从形而下的食物，逐渐变成了绘画的高雅追求，整天做着画家的美梦。所以，当我被挑选为衡阳市饮食服务实验餐厅培训学徒的时候，我退却了，害怕画家梦被油烟熏黑，从此断送。即或这个亲近美食、掌控美食的机会是那么的珍贵——全衡阳地区 5 个县总共只有 25 个名额。我的父母以及那些叔伯阿姨们都劝我："你这个不知好歹的奶仔，这可是多少人想都想不来的好事啊，你这可是掉进了'饭桶'里，从此不怕饿肚子，你还不珍惜，还要怎么样？"轮番轰炸，我最终只能向现实妥协，接受这份上天的美意。

在衡阳实验餐厅，我接受了专业的厨艺培训。虽然有着不甘与无奈，但我仍然想把这份来之不易的工作做好，能对得起父母和乡亲们的期盼。我成了实验餐厅最勤奋的那一个，比别人起得早，比别人睡得晚，把别人不愿干不想干的活

儿都揽在身上，整天就是练习刀工火候，掌握蒸熘煨炒炖十八般厨艺，很快就成了实验餐厅的业务尖子，唯一的业余活动，最终又成了画画，成了我修炼厨艺之余解压和换脑的调剂。

1974 年，省里要接待重要领导，于是在全省调集人手，提高省委接待处的接待服务能力，我又幸运地被选上了，调到长沙的省委接待处工作。我被直接安排在宾馆，做了石荫祥的弟子。石老是当时湘菜厨艺集大成者，我跟随着他一边工作，一边继续修炼着厨艺。

因工作的关系，纯粹的吃于我而言，已渐渐失去了诱惑，对味的追求，开始占据我的人生，这既是工作的要求，又好似本能的热爱。厨艺的修炼，也是自我修身。厨艺与别的技艺，有着决然不同的特性，那就是你既不能平庸，也不能特立独行。它不像绘画，可以愉悦自己就行，可以遗世独立，可以孤芳自赏。但是厨艺不一样，厨艺必须做到和谐而统一，做到有个性而又被广泛接纳，做到和而不同。所以古贤才说"治大国若烹小鲜"，因为他们追求的大道都是和谐统一。

因为厨艺，我慢慢懂得了接纳个性，而又去广泛包容。

三

然而，在那个年代，虽然吃是一件大事，但厨师却是一份非常卑下的职业，甚至可以说排在九流之末。因为人们都怀着远大的理想，那么忙着伺候人们吃喝的人，自然就成了最为卑下的群体。身上脏兮兮、油腻腻，脑袋大、脖子粗，那

些不好的印象似乎都可以往厨师身上扯。

我算是比较讲究的厨师了，很在意自己的穿着和个人卫生，不管任何时候都保持衣着干净整洁。但即或这样，也无法改变厨师在人们眼中的固有印象。记得有一次我到机关医院去打针，护士看着我穿着个厨师服，擦棉球的时候都隔得老远，扭着脖子，弯着腰，就好似我浑身挂满了油腻子，散发着恶臭。

我那颗年轻而骄傲的心受伤了，不断反问自己——厨师就不能做得更好吗？

四

为厨立志，为艺向好，像一粒种子，在我的心里生根发芽，逐渐长成参天大树，荫庇我的人生，给予我无穷的馈赠。通过厨艺的精研，不断把食事之美传递给更多的人，也让自己沉淀出丰厚的事业和生活。

1988 年，在全国第二届烹饪大赛上，我获得两枚金牌，实现了湘菜在全国大赛中金牌零的突破，也为自己的从厨生涯进行了一次鼓劲加油。此后更深刻地领悟美食的诸般门道，从技、艺、情、境体味美食的博大深厚，开始尝试以画入菜、入宴，探索主题宴会设计的新路。

美食不过人情，它是心灵与人情的抒发。设宴当一门艺术，我们不妨用吃来描绘世间的真、善、美。

张志君

2021 年 1 月

目 录

文明人的吃

　　食色性也，吃其实是一个很具有普遍性的人类话题，但为什么在文明社会却缺少关于吃的经典和权威的著作呢？为什么吃没有归入科学或艺术研究的范畴呢？文明社会的精英阶层为什么会羞于或是不屑于谈论一个关于人的基本问题呢？从这个现象，我们可以引发一个非常重要的观察——吃对于动物人与文明人，有着截然不同的地位。对于动物人来说，吃是首要的问题，甚至大于性，大于生殖繁衍。因为只有吃才能保证人的生存，然后才能去关注人的其他问题，吃是其他一切问题的本钱。人的寿命是用吃去维持的，是吃延续了人类的繁衍生息与发展，简而言之，吃是动物人的本能性需求。而当人进化为文明人的时候，吃却似乎不那么重要了，或者说，吃是动物人的需求，而不是文明人的需求。为什么会这样呢？因为文明的进程从某种意义上说就是人类摆脱动物性的过程，所以人类的精英们在进入文明时代以后，羞于或不屑于谈论这个曾经急于摆脱的动物性需求，这个人类最基本的需求不值得摆到台面上来高谈阔论，吃因为关联着人的动物性。甚至从道德上来讲，过分关注吃的人，常

常被认为是奢侈、腐化、堕落的代表。看看现在"吃"在人类精英社会中的地位：没有被纳入专门的科学研究，也没有被列入高尚的艺术门类，美食家与科学家、艺术家、文学家根本不能相提并论，"吃"成为人类社会被故意歧视和忽略的门类。然而在现实生活中，人生大事，一日三餐，即或最不讲究吃的人，也仍然要应付一下吃的问题。而那些讲究吃的人，则会翻新花样，做出千般美味，会从菜肴的色香味形，从就餐氛围进行诸般考究，做到尽善尽美。浙江人吃一只螃蟹甚至就可以吃上一天。不可否认的是，在现代社会，好吃好喝绝对是幸福生活的底色。

吃在现实中的重要性和在文化中的地位，形成了一个事实上的悖论，但我认为文明人不应该回避动物人的本能需求，真正的文明，是应该将人的动物性需求也尽善尽美地继承下去——做一个快乐而善良的"吃货"，也是对美好生活的贡献。

我认为我们社会对于吃的关注、吃的美学教育是远远不够的。社会上那么多的垃圾食品、有毒食品，不仅仅是道德问题，也是教育问题，不仅仅是个人和食品安全监督的责任，也是舆论和文化引导的责任。正因为我们从来不正视它，人们才会那么轻易地去亵渎它、不尊重它。如果我们从小就认真教育和引导孩子认识食物之美，认识厨艺之美，也许我们就不那么容易亵渎这份美、诋毁这份美了。这个话题好像有点偏题了，我一个人远远不能改变整个社会对于吃的看法，现在还是来专注地以文明的方式来谈谈吃的问题。

　　文明人对吃也是有需求的，他们"吃"的内容往往是交际、礼仪和民俗风情，"吃"被赋予远远超出于吃的文化内容。比如国宴接待的礼仪、排场，不仅代表了对礼宾的尊重，甚至代表了一个国家和民族的文明程度和文化内涵。两兵攻伐，以吃为谋，设下"鸿门宴"；政治权谋，"杯酒释兵权"；国家危难，"新亭会"以宴唱救国……吃在这样的情景下，也被上升为最高的文化需求。宴会也在此被当作重要的历史文化加以研究和考察，因为重要的宴会通常伴随着重要的历史事件，成为人们解开历史和文化真相的一个重要佐证。宴会是专属于文明人的吃，吃什么常常变得并不那么重要，怎么吃、吃的仪式感、吃的目的才是更重要的。

总结起来，文明人的吃有着以下鲜明的特点：

（一）交际性：有着特定的社交目的，吃只是一个恰到好处的借口。

（二）礼仪性、仪式感：通常都有严肃而庄重的礼仪规程，带着很强的仪式感，影响到每一个人都脱离吃的"低级趣味"。

（三）文化特色和民俗风情：因为文明人的吃有社会交往的目的，还有特定的礼仪规程，这就决定了它必然是一个综合性的文化工程，洋溢着特定的民俗风情。因为它存在的目的，就是为了满足某种文明的需要。

由于文明人对于吃有着特定的需求，所以我们就应该以一种超脱于吃的方式来对待，也许，运用艺术的方式议吃是一个比较不错的想法。

把吃艺术化

本来吃就应该是一门艺术，色、香、味、形、器，调和搭配，和谐统一，多样丰富，本来就绝对是一门愉悦身心的艺术，就如音乐、绘画那般，能唤起人们心底的快乐、善良和美好的体验。这里说把吃艺术化，是一种无奈的表达——因为吃还没有被当作艺术。而我在这里所说的把吃艺术化，也仅指把文明人的吃——宴会艺术化。

所谓的艺术化，就是围绕一个主题，利用绘画、造型、雕刻、花艺等一些其他艺术形式来丰富宴会的呈现，更充分地满足宴会的交际性、礼仪性、文化性的需求。我有这种想法，萌芽于 20 世纪 90 年代，也可是说是我的一种尴尬的选择。因为我从小是个画痴，有丹青之好，这与我的职业形成了很大的反差。社会上，看不起厨师；单位上，有些人认为我画画是不务正业。一方面为了让同事们知道，我画画可以把工作做得更好，另一方面也是想告诉大家，厨师不仅仅是炒菜而已，所以才想着利用我仅会的两门手艺——绘画和烹饪，来反击那些质疑。

既然每个宴会都是带着明确的目的性，那我们为什么不能把每个宴会厅都当成一张画纸，像

画画一样来经营一次宴会。你想画什么，你的主题是什么，你怎么去构图，你想传达什么……这跟一次宴会太像了。宴会总有明确的目的性，只是以往的宴会，更加注重礼仪规程，而在宴会布置上，往往根据惯例和经验来操作，缺少对主题进一步的挖掘和升华，少有依一时、一地、一情、一景、一人、一物，像画一幅画那般进行创作，表达出更加真切的情意，展现每一个宴会的独有魅力。艺术和宴会的目的都是造景传情，此时，吃与艺术借宴会得以互融共通，相得益彰。

定题、构思、造景、传情，这就是主题宴会的艺术化。看起来非常浅显简单，但是真正要为每场宴会找到恰当的艺术形式，并不是一件很容易的事情。我从事此行业40多年，一生都在与吃打交道，操办过大大小小的宴会数以百计。从萌生主题宴会设计的想法开始，经过初步尝试到形成自己的设计风格，其间也不是每一个宴会都很成功，但积累了较为丰富的精研案例，也确实有过几个引以为傲的设计作品，包括几次国宴或准国宴。我会把这些主题宴会设计的经验以近似于再现的方式分享出来，为从事宴会服务的人员提供一些参考。这些经验都不是准确的方法或程式，它们仅是一些类似于心得体会的东西。因为主题宴会设计，既然我将之比作绘画创作，就没有一定之规。任何设计，都是设计师的主观创作与客观需求的结合，每个设计的产生与呈现，肯定都是独一无二的。

从确定主题开始

——紫色的准国宴"中国福"

　　任何一个宴会的设计，肯定是从确定主题开始。拟好一个主题，是设计成功的一半。主题决定了元素的运用、风格调性的把控等。就好像文章的中心思想，你所有的遣词造句，都是为了阐明这个中心思想。就像这次"中国福"的宴会设计，"中国福"的主题一出来，就注定了这场宴会的主色调只能是紫色。紫气东来，才是最顶级的祥瑞，才能被称为"中国福"。这个主题一出来，就仿似所有的问题都解决了。

这次宴会的筹备工作很早就开始了，但是宴会的形式一直都没有确定下来。会务组反复讨论，始终没有找到一个很好的答案。随着宴会日期的日益临近，设计的压力越来越大，最终，会务组听闻我有这方面的经验，把这次宴会设计的任务交到了我的手上。这是一次特殊的政务活动，宴会设计的难点就在于，要从政治角度进行缜密的思考，找出一个既不凡又不出格，既高尚富贵又不奢侈浮夸的主题，来完美契合这场宴会活动的主旨。我反复从政治、文化、主宾的角度进行提炼、归纳、寻找，花费了三个不眠不休的日夜，

终于一个概念突然浮现在我的脑海里——"中国福"。当这三个字出现的时候，我知道难题被解开了。我仔细地围绕这个主题，完善我的方案，汇报给组委会后，顺利通过了。

接下来的执行和创意表现，就变得很简单了。虽然"中国福"看起来是个非常宏大、宽泛的概念，甚至显得有些虚无，难以具象地表现，但也正是这种宏大宽泛的概念，可以让我们使用更纯粹的元素来表现，使整个设计简洁、高贵、纯粹。在色调上，我选择了紫色，因为紫色除了高贵喜庆之外，还有着一丝威严，这比中国红、高贵黄更加贴切。在设计元素上，选择了"万字福""万字寿""蝙蝠图案""祥云""如意""玉环"等，用象征圆满通达的"圆形""方形"作为设计的基本结构形式完成了整个宴会主图案的设计。主设计定型以后，还需要把这种设计延伸到宴会的每一个细节之中，比如菜单、筷套、餐具、服饰等方方面面。在一些细节方面出其不意的设计，往往能令整场宴会充满惊喜。比如我们在菜单的设计上，就进行了一番特别的设计，我们在印制的菜单上，用黄色丝穗穿坠着一枚玉环，使这份菜单显得更加雍容华贵、赏心悦目。同时，在菜单的内页上，还根据宴会的主题，配了一首自己创作的小赋——《福赋》。果然，在宴会后，几乎所有的嘉宾都将这份菜单带出了会场。大氛围的营造，能让宾客震撼惊奇，而细节上的出奇，却能令宾客感动。

这是一场让宾客十分感动的宴会。宴会结束以后，除了组委会领导再三向我表示赞赏和感谢以外，

黄永玉八十大寿主题宴会 （易浪峰　摄影）

黄永玉八十大寿主题宴会局部 （易浪峰　摄影）

湘菜泰斗石荫祥九十大寿主题宴会 （易浪峰　摄影）

美食是文明交流的使者 （易浪峰　摄影）

"四月欣晖"局部（一）（易浪峰　摄影）

"四月欣晖"局部（二）（易浪峰 摄影）

芙蓉春盛主题宴会 （易浪峰 摄影）

"芙蓉春盛" 主题宴会局部 （易浪峰　摄影）

最令我意外的是宴会的主宾，专门嘱咐随行人员将整套宴会物件拿两套带走（后面又特意追加了三套），留作纪念。后来，为了进一步让这场宴会长久地留在宾客心中，我还与醴陵的陶瓷厂合作，用这一套设计图案，制作了"中国福瓶"和"中国福盘"。中国福瓶获得了2004年杭州西湖国际艺术博览会金奖。

总结这次宴会成功的关键，还是得益于一个好"主题"。如果不是这样一个"主题"，也许再好的设计，也不能达到这样的效果。所以，在开始任何一个宴会设计之前，一定要先寻找到一个足以拨开设计迷雾的"金题"来。因为宴会设计与宾客的沟通，全赖这个主题，如果主题跑偏了，即或再富丽堂皇的设计，再精妙绝伦的布置，也会"牛头不对马嘴"，对牛弹琴空欢喜一番。

福　赋

　　福兮，福兮！感天地之瑰丽，颂华夏其永昌。承五千年文明，开今朝之盛事。新华英伟，代代风骚。域疆拓土，丰民兴业。御侮于外，中华一体。国运日隆兮，世所瞩目。福哉，福哉！福之大德兮日生，今之生民兮倚福。

　　福兮，福兮！湘江北去，紫气南幸。

神龙临渊，福照三湘。祥云百集，洞庭鱼跃
绣锦衣。武陵纵横，揽月云天盛芙蓉。湖湘
兴盛兮，唯神州其一。族兄五十有六兮，省
区三十有四，形如一体兮，环珏和鸣。福
哉，福哉！福之根本兮曰和，今之炎黄兮福
如一。

福兮，福兮！长治久安兮国之福，父慈
子孝兮家之福，丰衣足食兮民之福。懿范临
台兮，百福翔集。福哉，福哉，唯愿其久！
中华永昌，万寿无疆！

那么，如何才能寻得一个好题呢？我认为首
先是人生阅历的修炼。宴会设计与其他设计不一
样的地方，也许在于宴会设计始终要表现的是人

情——包括政治、宗教、文化、风俗等各种人情世故。"世事洞明皆学问，人情练达即文章。"一个好的主题宴会设计师，一定是一位通达人情的智者。正是因为设计师的洞明和通晓，才能为参与宴会的嘉宾找到一个情感共鸣的节点，让整个宴会生动活泼，真情流露。洞若观火，老练深沉，这是设计师内功的修炼，需要不断地历练和积累。在具体的主题提炼中，我们常常需要综合考虑以下几个方面的因素，来对自己的思维加以规制和引导。

政治正确　这一点对于公务招待宴会尤其重要，主题制定是需要首先考虑的因素。难以想象在政治上失之偏颇的主题，对一场公务招待宴会会带来怎样的灾难性后果。所谓的政治正确，不

仅仅指政治方向的正确与否，这种严重的错误一般不会出现。更重要的是指在符合主流政治共识的前提下，从惯例、规格、规矩、定位、定性等方面的完全符合，在这几个方面有细微的偏差，都有可能产生很严重的后果。我们尽量做到百分百完美。比如，一个定位有失的主题宴会，可能会让宴会的嘉宾尴尬、无所适从，从而彻底地毁掉这场宴会。在政治因素的制约中，进行主题提炼，最保险的方式当然是中庸，不过不及，只要抓不到把柄就行。但是，如果抱持这样的观念来设计一场宴会，注定不会设计出一场惊艳绝伦的宴会，因为你的思想首先就被禁锢了。好的设计师应该找到最闪亮的主题。

宗教信仰　宗教信仰一般来说是一个禁忌因

素，除非宴会带有很明显的宗教色彩，否则我们在寻找主题时需要规避带有宗教倾向的内容。当宴会有宗教因素参与时，比如主宾是宗教人士，宴会由某宗教主办，在宴会设计确实需要强调宗教色彩时，我们需要十分谨慎，小心求证，不放过任何细节，否则可能引发宗教问题，产生不良的社会影响。宗教内容不比世俗内容那样具有广泛的包容性，许多牵涉其中的问题都带有非此即彼的排他性，一不小心就会引发争议，我们同样需要做到百分之百的完美，要有鸡蛋里挑骨头的精神，不要存有丝毫的侥幸心理。宗教内容有时比政治内容更加敏感和不可琢磨，因为一个社会的政治共识是明确而肯定的，而宗教则因其内部原因，常常存在对教义的诸多争议性解读，我们

在宴会设计时，一定要避免接触这些争议话题，以免引发灾难性的后果。

民族文化　民族性、民族文化，既是宴会设计汲取养分的源泉，也是宴会设计的一种规制。民族文化是一个涵盖面非常宽泛的概念，包罗万象，政治、宗教、地域特点、人种、历史等都是形成民族文化的因素。世界是由无数个民族组成的，每个民族都保有自己的差异化特征，而这每一种差异都应当受到尊重和保护，因为正是这些差异让世界变得丰富多彩。所以我们在设计主题宴会时，既要充分挖掘民族文化来丰富宴会的内涵，也要注意反民族的现象出现，避免因忽视民族差异而产生损害民族情感的问题。举一个简单的例子，拉眼角这样一个简单的动作，在欧洲被解读为歧视亚裔种族，在拉美则可能表示微笑和亲近，在亚洲则可能不代表什么特定的意义。只有充分了解了民族的差异性，我们才能在宴会设计中充分展现民族文化的魅力，同时又不损害其他民族的情感。

宴会目的　我们前面就说过，每一个宴会都是带着特定的目的而举办的，这是我们寻找宴会主题最直接的参考和制约因素。宴会主题首先要具有合理的目的性，不能与宴会目的南辕北辙。然而一个只是具有合理的目的性的主题显然也是不合格的。我们需要在思考宴会目的的基础上，挖掘这个目的背后所隐藏的核心情感，需要提炼和升华，从而找到参与宴会的每一个宾客的共通情感，让他们在这样的主题下共同举杯，共享美

食，让宴会目的充分达成。对宴会目的的发散性
思维，找到宴会目的的关联点，最后加以归纳、
提炼、总结，是找到一个好题的关键。我们既不
应该忽略宴会目的来做设计，为设计而设计，也不
应该被宴会目的遮住双眼，看不到目的背后更加
动人的情感流动，为应付设计而设计。好的主题
是打动人心的。

主宾身份　在主宾的身份非常明确，且整个
宴会围绕主宾进行时，对于主宾的充分了解，就
成了宴会成功的关键。主宾有着很多属性，比如
他的身份地位、兴趣爱好、民族籍贯、职业领域、
个人成就、性格特点等都是分析和掌握主宾的关
键要素，每个点都可能成为破解宴会设计的爆破
点。一个充分切合主宾的宴会主题，能一下子拉

近与宴会主宾的距离，让主宾感觉到宴会就是为自己而设，引发主宾的各种情感共鸣。许多宴会在某种程度上，是权力角逐的场地，有着严格的礼仪规程和座次排位，不敢稍有错乱。而针对中心人物主宾进行宴会主题的拟定，能让主宾的权力、权威得以充分地展示，这显然是符合宴会设计的逻辑思路的。

民俗风情 宴会设计讲究根据一情一景、一人一地来设计，缘由就是宴会设计常常受到主办地、宾客人群所带有的民俗风情的影响。根据当地的、宾客的民俗风情来设计，能在很大程度上搭建一个大家都熟悉的交流空间，为宴会的顺利进行提供保障。充分挖掘民俗风情内涵，也能突出宴会的个性特色。比如我在凤凰古城为黄永玉先生操办 80 岁

寿宴时，就充分挖掘了当地的民俗风情，以勾起黄永玉先生的故土情怀，因为这是他选择回乡举办寿宴的主要目的之一。民俗风情虽然不像其他因素那般，具有较强的规制作用，但是用好民俗风情的内容，能为做好宴会设计提供莫大的帮助。

　　确定主题的过程，是一个分析、归纳、提炼、升华的过程，它由对诸多要素的综合考虑而形成。主题有多出彩，宴会就有多精彩。

造就独有空间

——黄永玉的两次 80 大寿宴

　　每一次都是重新创作，因为每一个宴会都截然不同。参与的人变了，时间变了，空间变了，心境也变了。所以每个宴会都要因时、因地、因人而变。在我们的印象中，许多婚宴、寿宴好像都似曾相识，这显然称不上用心的设计。同样是过寿、结婚，但每个人的人生经历和恋爱过程却

是独一无二的，好的宴会设计就是要找出此时的独一无二，造就独有空间。

　　黄永玉先生是我国的文化名人和艺术家，家喻户晓，也是我十分尊敬的师长和前辈。他有着浓厚的家乡情结，几乎每年都要回来湖南几次，吃吃家乡菜，会会故友。近来年事已高，回湘才渐渐少了起来。因为他每次来都住在我所工作的单位九所宾馆，我几乎每年都能见他几次。虽然在大多数人看来，黄永玉先生特立独行，个性凛然，言辞犀利，但在我看来，却是一个爱护后辈的好师长。每次见到他，就免不了拿些画作给他看，请他指教一番。他每次都认认真真地看，然后提出意见，他教我不要拘泥成法，也不要受他影响，鼓励我画出自我个性。他还说我们两个人的经历很像，都不是正规的科班出身，在艺术的道路上，无须畏惧。他曾经是画"黑画"的代表，在那个特殊的时期，受到了极大的非议。而我的画也很"黑"，层层密密都是墨色，所以按着黄永玉先生的话说，我们都是画"黑画"的人，他为此还特意为我画了一幅"别人不喜欢但你喜欢"的白描黑画，让我受宠若惊。与黄永玉先生的交往，让我受益终生，我一直想找个机会，对他表达我的敬意。

2004年，黄永玉先生80高龄，想在家乡凤凰办次大寿。当时黄永玉先生特意从北京带来了专门做宴会的专家和团队。由于是家乡的名人，为家乡建设做出了重要贡献，省里派了几个代表前往支持，我也在其中。对于操办黄永玉先生的

寿宴，想着他专门带来了专家团队，不敢自告奋勇。倒是省里向他推荐，说小张您也熟悉，可是宴会设计的一把好手。他想了想，就说让我一同参与设计，共同把宴会办好。到了向他汇报设计方案的时候，我和北京来的专家分别提出了自己的方案。北京的专家可能侧重于黄永玉先生的艺术成就，而我的想法有所不同，可能是因为我是他的家乡人，又与他有所接触。我知道老先生是一位有着很强的世俗情怀的人，不太愿意正襟危坐在宴席上让人"朝拜"。比如他设计的酒鬼酒，一个皱巴巴的酒袋，在那时看来，多不精致啊，还取了一个酒鬼酒，多掉份儿。但是老先生说了，不喝酒的人当然讨厌酒鬼，但是喝酒的却是喜欢被叫作酒鬼，证明"能耐"啊。他对他那不完整的初中教育，那命运多舛的人生，淡然看待，甚至引以为荣，面对曾经的诸多非议，依然笑傲从容，虽然被尊称为泰斗，却有着不一般的草根心态。在我眼里，他真正是把大雅与大俗活成人生的人。所以，我想，老先生可能需要一个不一样的寿宴。老先生为什么要回到家乡举办这场寿宴，他肯定是想在这里找回他内心深处那些浓烈的记忆，并与家乡的故友们共同缅怀。所以我提出了自己的想法，把这场宴会办得"土"一点，所有的设计元素都选取凤凰当地的特色——蜡染、油纸伞、苞谷、辣椒、土家风情、凤凰山水，我要让这个宴会上的所有东西都能勾起老先生的记忆与怀念，让老先生的故土情怀得到一次彻底的释放。我把我的想法一说，他当时就说

好，让北京来的专家团队以我为主，协助我做好这次宴会设计。

宴会很成功，老先生很高兴，并对我说，这将是他最好的记忆之一，把他的凤凰又重新找了回来。对我来讲，则更加意义非凡，不仅借此报答了老先生的指教之恩之一二，也让我与老先生似乎有了一种精神上的沟通，感受到了他那颗赤子之心的质朴和超然。永葆一颗赤子之心，我认为这是艺术的本源力量。

2005年，黄永玉先生又回湘办了一次80大展暨80寿宴，大展大获成功，寿宴也别开生面，令人铭记于心。按我们这边的习俗，81岁才算"进寿"。这次寿宴，除了黄永玉先生自己的心愿外，主要还是许多故友的相邀，想陪老先生再过一次生日，感受那颗苍老而又年轻的心。有了上次的经验，这次老先生没有带专家团队过来，直接交给我操办，寿宴也设在九所宾馆。

　　这次宴会不在老家在长沙，没有凤凰的山水和古城，也没有儿时的玩伴，更多的是朋友相聚，共瞻风采。所以这次宴会一定与上一次不一样，地点变了，风景变了，心境也就变了。这次宴会的主角是黄永玉先生，大家都是因为他而聚在一起，是因为他的风趣、他的艺术、他的文字、他卓尔不凡的风采。所以这次宴会塑造的肯定是老先生本人，要把他的风采和精神活灵活现地刻画出来，让参与寿宴的人都沐浴在他的人格魅力所散发出来的光辉之中。这次宴会设计，我选择了他的艺术画像以及烟斗、荷叶，去捕捉他的神采

与个性，并邀请了长沙油画家吴洪生先生为他画了一幅画像挂在主位后面。吴洪生老师是一位肖像画大家，他笔下的黄永玉细腻而生动，画面人物的机智、风趣、自由、狂放之神态透笔而出。在侧方还挂了一只大大的烟斗，那只与老先生形影不离的烟斗，还有他笔下迎风而动的荷花，仿佛整个空间都充斥着黄永玉先生的身影，无处不在。这次宴会既让人们看到了老先生的风采，也让老先生看到了朋友眼中的黄永玉，他们在互相的欣赏中，酣畅地欢声笑语，觥筹交错，时光仿似永远停留在了那个依然鲜活年轻的 80 岁老人的宴会之上，永远定格，不会老去。

黄永玉先生很高兴，特别是那幅画作，被他郑重地带走收藏起来。一生能为老先生设计一次寿宴已经很荣幸了，何况是两次，所以我也陷入了无比的幸福与自豪之中，甚至心情沾染了某种骄傲和自满。

宴会设计就是揣摩宾客的心思，我们要耍尽"心机"，把宾客置于我们的"算计"之中，为他们量身打造一个情感宣泄的空间和平台，让他们欢笑和流泪，感动和记忆。我愿意把宴会设计视作一门艺术，但它永远是通达人情的，永远是温热鲜活的，永远是接地气的，它从来不会高高在上，故意摆出一副与众不同的嘴脸，它既是独特的，同时也是与人相通的、亲和的、热切的。我想，这就是宴会设计的空间美学。不太喜欢那种风格化的设计，不喜欢那种看似极尽精巧，却与人和宴毫无沟通的设计，它看起来像两个完全不

相干的存在，设计是设计，宴会是宴会，只有视觉交流，而无情感沟通。它可能会让人觉得新奇，但不会让人难忘。需要记住一点，宴会设计，永远是为情感交流服务的。

如何创造一个独有的宴会空间呢？这是一个复杂的系统工程。画画是在一个平面上，而宴会设计的画纸是一个三维空间，它不仅仅要考虑创作的骨架和色彩，还要考虑声、光、体感和味道；不仅要有卓越的感知，还要有强烈的情感沟通和精神共鸣；不仅要高雅美丽，还要舒适便捷。所以在我看来，也许宴会设计比在纸上画画要难得多。

宴会能否引起宾客共鸣，给宾客留下难忘的印象，就在于他们所处的就餐空间，能不能与他们形成有效的交流互动，能不能让他们沉浸其中，在舒适惬意的同时，打破隔阂，真情流露。他们在享受美味佳肴和优良服务的同时，还从周围的环境中获得相应的感受。

每个宴会都需要创造一个独有空间，它们是与时、地、情、人深度契合的独有空间。不同的地方、不同的饭店、不同的宴会厅、不同主题的宴会，气氛要求各不相同。有的是奢华高贵，有的是庄重热烈，有的是浪漫多姿，有的是狂放自由，有的是新奇刺激，有的是温情脉脉……每一个独有的空间，都要达到天地人和思维统一，符合宴会宾客的情感预期。综合起来，宴会环境气氛的要素包括：面积、空间、档次、风格、台型、家具、用具，还包括声音的高低，适宜的温度，

装饰的色彩以及照明，清洁卫生等，总之，凡是人的五感，都应面面俱到，具体而微。

归根结底，所谓空间设计，就是营造一种宴会的气氛，从精神、情感、视觉、感知上都给予人某种强烈而得宜的感受，包括两个主要部分——一种是有形的感知，比如餐厅的空间感、台型的编排设计、花草景色、内部装潢、构造和空间布局等方面；另一种是无形的感知，比如宴会的目的性、礼仪规程以及参加宾客的身份地位等。在进行宴会空间创造时，我们一定要明白：

首先，要有一个通盘的整体规划，使宴会环境设计和其他设计工作形成一个有机整体，视觉统一，意义贯通，使之淋漓尽致地表达宴会主题思想。

　　其次，宴会气氛的主要作用在于影响宾客的心境。所谓心境就是指宾客对组成宴会气氛的各种因素的反映。优良的宴会气氛完全能够影响宾客的情绪和心境，给宾客留下深刻的印象，从而增强宾客再次惠顾的动机。现代餐饮业中不同类型的宴会厅采取不同风格的装饰美化，以及同一宴会厅中，用不同的装饰、灯光、色彩、背景等手段来丰富餐饮环境，目的都是满足不同宾客的心理需求。

　　再次，宴会气氛是多因素的组合，能影响宾客的"舒适"程度。优良的宴会气氛是宴会厅的光线、色调、音响、气味、温度等方面因素的最佳组合，它们直接影响到宾客的舒适程度和情感体验。舒适是相对的，是一种综合体验。它既是视觉和体

感上的舒适，即温度、光线、造型、布局等感官上的舒服和谐，也是情感上的惬意，就是对餐厅的整体设计在心灵上有着情感认同，让宾客心里感到舒心。因此，要想达到"舒适"就必须深入了解宴会的主题及宾客的感官和情感需求。

最后，宴会气氛设计是宴会经营的良好手段。宾客的职业、种族、风俗习惯、社会背景、收入水平和就餐时间等因素都直接影响宴会的经营。针对宴会主题及宾客要求进行气氛设计，既体现饭店的能力与实力，又能促进宴会的销售。

要想达到良好的宴会气氛设计，通常要考虑如下几项基本内容。

1. 光线

光线是宴会气氛设计应该考虑的最关键因素

之一，因为光线系统能够决定宴会厅的格调。在灯光设计时，应根据宴会厅的风格、档次、空间大小、光源形式等，合理巧妙地配合，以营造优美温馨的就餐环境。

宴会厅使用的光线种类很多，如自然光、灯光、彩光等。不同的光线有不同的作用。自然光是利用自然条件，通过设置一些光线障碍和空间布局，通过一些采光手段，使宴会厅有着光影的明暗变化，从而营造一种符合目的性的氛围。灯光是宴会厅使用的一种重要光线，能够突出宴会厅的豪华气派。这种光线最容易控制，食品在这种光线下看上去最自然。而且调暗光线，能增加宾客的舒适感。烛光属于暖色，是传统的光线，采用烛光能调节宴会厅气氛，这种光线的红色火

焰能使宾客和食物都显得漂亮，适用于西式冷餐会、节日盛会、生日宴会等。彩光是光线设计时应该考虑到的另一重要因素。彩色的光线会影响人的面部和衣着，如桃红色、乳白色和琥珀色光线可用来增加热情友好的气氛。

　　不同形式的宴会对光线的要求也不一样，中式宴会以金黄和红黄光为主，而且大多使用暴露光源，使之产生轻度眩光，以进一步增加宴会热闹的气氛。灯具也以富有民族特色的造型见长，一般以吊灯、宫灯配合使用，与宴会厅总的风格相吻合。西式宴会的传统气氛特点是幽静、安逸、雅致，西餐厅的照明应适当偏暗、柔和，同时应使餐桌照度稍强于餐厅本身的照度，以使餐厅空间在视觉上变小而产生亲密感。

在办宴过程中，还要注意灯光的变化调节，以形成不同的宴会气氛。如结婚喜宴在新郎、新娘进场时，宴会厅灯光调暗，仅留舞台聚光灯及追踪灯照射在新人身上，新郎、新娘定位后，灯光调亮，新郎、新娘切蛋糕时，灯光调暗，仅留舞台聚光灯。灯光的变化始终围绕喜宴的主角——新郎、新娘。

在宴会厅中，宴会厅照明应强于过道走廊照明，而宴会厅其他的照明则不能强于餐桌照明。总之，灯光的设计运用应围绕宴会的主题，以满足宾客的心理需求。

2. 色彩

色彩是宴会气氛中可视的重要因素。它是设计人员用来营造各种心境的工具。不同的色彩对

人的心理和行为有不同的影响。如红、橙之类的颜色有振奋、激励的效果；绿色则有宁静、镇静的作用；桃红和紫红等颜色有一种柔和、悠闲的作用；黑色表示肃穆、悲哀。

颜色的使用还与季节有关，寒冷的冬季，宴会厅里应该使用暖色如红、橙、黄等，从而给宾客一种温暖的感觉；炎热的夏季，绿、蓝等冷色的效果最佳。

色彩的运用更重要的是能表达宴会的主题思想。红色使人联想到喜庆、光荣，使人兴奋、激动，我国的传统"红色"表示吉祥，并且举办喜庆宴会时，在餐厅布置、台面和餐具的选用上多体现红色，而忌讳白色（办丧事的常用色调），但西方喜宴却多用白色，因为白色表示纯洁、善良。

不同的宴会厅，色彩设计应有区别，一般豪华宴会厅宜使用较暖或明亮的颜色，在夜晚也可根据光线条件，使用暗红或橙色。地毯使用红色，可增加富丽堂皇的感觉。中餐宴会厅一般适宜使用暖色，以红、黄为主调，辅以其他色彩，丰富其变化，以创造温暖热情、欢乐喜庆的环境气氛，迎合进餐者热烈兴奋的心理要求。西餐宴会厅可采用咖啡色、褐色、红色之类，色暖而较深沉，以创造古朴稳重、宁静安逸的气氛。也可采用乳白、浅褐之类，使环境明快，富有现代气息。

3.温度、湿度和气味

温度、湿度和气味是宴会厅气氛的重要因素，直接影响着宾客的舒适程度。温度太高或太低，湿度过大或过小以及气味的种类都会令宾客

有迅速的反应。豪华的宴会厅多用较高的温度来增加其舒适程度，因为较温暖的环境给宾客以舒适、轻松的感觉。

湿度会影响宾客的心情。湿度过低，即过于干燥，会使宾客心绪烦躁。适当的湿度，才能增加宴会厅的舒适程度。

气味也是宴会气氛中的重要组成因素。气味通常能够给宾客留下极为深刻的印象。宾客对气味的记忆要比视觉和听觉记忆更加深刻。如果气味不能严格控制，宴会厅里充满了污物和一些不正常的气味，必然会给宾客的就餐造成极为不良的影响。

一般宴会厅温度、湿度、空气质量达到舒适程度的指标是以下几点。

（1）温度。冬季温度不低于18℃～22℃，夏季温度不高于22℃～24℃，用餐高峰客人较多时不超过24℃～26℃，室温可随意调节。

（2）湿度。相对湿度40%～60%。

（3）空气质量。室内通风良好，空气新鲜，换气量不低于30立方米／人／小时，其中CO含量不超过5毫克／立方米，可吸入颗粒物不超过0.1毫克／立方米。

4. 家具

家具的选择和使用是形成宴会厅整体气氛的一个重要部分，家具陈设质量直接影响宴会厅空间环境的艺术效果，对于宴会服务的质量水平也有举足轻重的影响。

某大学成立 50 周年"如意中国"主题宴会 （易浪峰　摄影）

2004 年 "平安中国" 新春主题宴 (易浪峰 摄影)

2006 年首届中博会 "中部放飞" 主题宴会局部 （易浪峰　摄影）

2011 年"万家灯火"主题宴会（易浪峰　摄影）

像画画一样来经营每一次宴会 （易浪峰 摄影）

餐台设计乃宴会主题的核心和灵魂 （易浪峰 摄影）

摆台是餐饮服务技能的重要内容 （易浪峰　摄影）

秀色盘中餐 （易浪峰 摄影）

　　宴会厅的家具一般包括餐桌、餐椅、服务台、餐具柜、屏风、花架等。家具设计应配套，以使其与宴会厅其他装饰布置相映成趣，统一和谐。

　　家具的设计或选择应根据宴会的性质而定。以餐桌而言，中式宴会常以圆桌为主，西式宴会以长方桌为主，餐桌的形状和尺寸必须能满足各种不同的使用要求，要便于拼接成其他形状为特定的宴会服务。宴会厅家具的外观与舒适感也同样重要，家具的外观与类型一样，必须与宴会厅的装饰风格相统一。家具的舒适感取决于家具的造型是否科学，尺寸比例是否符合人体结构规律。应该注意餐桌的高度、椅子的高度及倾斜度，餐桌和椅子的高度必须合理搭配，不能使客人因桌、椅不适而增加疲劳感，而应该让客人感到自然、舒适。

　　除了桌、椅之外，宴会厅的窗帘、壁画、屏风等都是应该考虑的因素，就艺术手段而言，围与透、虚与实的结合是环境布局常用的方法。

　　"围"指封闭紧凑，"透"指空旷开阔。宴会厅空间如果有围无透，会令人感到压抑沉闷，但若有透无围，又会使人觉得空虚散漫。墙壁、天花板、隔断、屏风等能产生围的效果；开窗借景、风景壁画、布景箱、山水盆景等能产生透的感觉。如果同时举行多场宴会，宴会厅及多功能厅则必须要使用隔断或屏风，以免互相干扰。小宴会厅、小型餐厅则大多需要用窗外景色，或悬挂壁画、放置盆景等以带来扩大空间的视觉效果。大型宴

会的布置要突出主桌，主桌要突出主席位。以正面墙壁装饰为主，对面墙次之，侧面墙再次之。

5. 声音

声音是指宴会厅里的噪声和音乐。噪声是由空调、宾客流动和宴会厅外部噪声所形成的。宴会厅应加强对噪声的控制，以利于宴会的顺利进行。一般宴会厅的噪声不超过 50 分贝，空调设备的噪声应低于 40 分贝。

6. 绿化

综合性饭店大多设有花房，有自己专门的园艺师负责宴会厅的布置工作，中档饭店一般由固定的花商来解决。宴会前对宴会厅进行绿化布置，使就餐环境有一种自然情调，对宴会气氛的衬托起着相当大的作用。

花卉布置以盆栽居多，如摆设大叶羊齿类的盆景，摆设马拉巴栗、橡树或棕桐等大型盆栽。依不同季节摆设不同的观花盆景，如秋海棠、仙客来，悬吊绿色明亮的袖叶藤及羊齿类植物等。

宴会厅布置花卉时，要注意将塑料布铺设于地毯上，以防水渍及花草弄脏地毯，应注意盆栽的浇水及擦拭叶子灰尘等工作，凋谢的花草会破坏气氛，因此要细查花朵有无凋谢。

有些宴会厅以人造花取代照料费人力的盆栽，虽然是假花、假草，一样不可长期置之不理，蒙上灰尘的塑料花、变色的纸花都让人不舒服。应当注意：塑料花每周要水洗一次，纸花每隔两三个月要换新的。另外，尽量不要将假花、假树摆设在宾客伸手可及的地方，以免让客人发现是

假物而大失情趣，甚至连食物都不觉美味。

7. 服务区域规划

（1）确定主桌或主宾席区及来宾席区位置。中式宴会通常都在独立式的宴会厅举行，但不论是小型宴会还是大型宴会，其餐桌的安排都必须特别注意主桌或主宾席区的设定位置。原则上，主桌应放在最显眼的地方，以所有与会宾客都能看到为原则。一般而言，主桌大部分安排在面对正门口的餐厅上方，面向众席，背向厅壁，纵观全厅，其他桌次由上至下排列，也可将其置于宴会厅中心位置，其他桌次向四周辐射排列。中型宴会主宾席区一般设一主二副，大型宴会一般设一主四副，也可以将主宾席区按照西餐宴会的台形设计成"一"字形。来宾席区可划分为一区、二区、三区……既便于来宾入席，又便于服务的开展。

（2）餐桌与餐椅布置要求。中式宴会的餐台一般使用圆桌和玻璃转盘。转盘要求型号、颜色一致，表面清洁、光滑、平整。餐椅为与宴会厅色调一致的金属框架、软面型，通常十把椅子一桌。在整个宴会餐桌的布局上，要求整齐划一，要做到：桌布一条线，桌腿一条线，花瓶一条线，主桌主位能互相照应。

（3）工作台设置。主桌或主宾席区一般设有专门的工作台，其余各桌依照服务区域的划分酌情设立工作台。工作台摆放的距离要适当，便于操作，一般放在餐厅的四周，其装饰布置（如台布和桌裙颜色等）应与宴会厅气氛协调一致。

（4）主席台或表演台。根据宴会主办单位的要

求及宴会的性质、规格等设置主席台或表演台。在主桌后面用花坛、画屏或大型盆景等绿色植物以及各种装饰物布置一个背景，以突出宴会的主题。

（5）会议台形与宴会台形。将会议和宴会衔接在一起是目前宴会部经营较为流行的一种形式，即会议台形和宴会台形共同布置于大宴会厅现场，先举行会议，后进行宴会用餐。布置时，必须统筹兼顾，充分利用有效的空间，合理分隔会议区域和宴会区域，严密制订服务计划，承前启后，井井有条。

综上所述，宴会厅的气氛是宴会设计的重要任务。要想达到优良的气氛设计，既要有空间使用的合理规划，同时必须利用现代科学技术，使室内温度、湿度、光线、色彩、空间比例适合宴会的需要，充分利用各种家具设备，进行恰到好处的组合处理，使宾客感受到安静舒适、美观雅致、柔和协调的艺术效果。

会说话的"眼睛"
——某大学建校 50 周年宴"如意中国"

　　一场成功的宴会，有许多重要的地方需要精心设计和布置，但最重要的肯定只有一个地方，那就是餐台，因为最终人们的眼睛都会聚焦到一方餐台之上。餐台就好比是一场宴会的眼睛，宴会所有的神采和心意都会透过这双眼睛投射到宾客的心灵。餐台的设计和布置，是表现宴会主题的核心和灵魂，有时候，仅仅凭借一方餐台就可以设计出一场卓越的主题宴会。

2003年，坐落在古城长沙、湘江之滨的某大学建校50周年庆典。半个多世纪以来，学校的建设和发展受到了党和国家领导人的亲切关怀。出席某大学建校50周年庆典的领导人规格非常高。

校庆晚宴设在九所宾馆，宴会设计的重任又落在了我的肩上。庆祝大会规格之高，在我所见过的公务接待中，也少之又少。公务接待讲求节俭庄重，但面对如此一个重大的公务活动，如何通过宴会设计表现出庆典的非凡意义，这是一次非常高难度的挑战。再加上当时九所宾馆的硬件条件有限，宴会厅不大，环境布置

受到较大限制，只能集中到台面设计上来。定个什么主题呢？当时，正是我国高速发展的时期，国家建设也日新月异。人民需要一个安宁祥和的生活环境，不是有一句最实在、最普通的祝福是这么说的么——平安如意，只有平安才能如意，平安的目的就是让人们如意地享受生活。最终，宴会主题就定为"如意中国"，取的正是平安如意这个最朴实的愿望。主题有了，如何在一方餐台上表现出来呢？平安如意，是在某大学 50 周年校庆上发出的一份美好愿望，是热烈的庆贺、是崇高的理想、是殷切的希望，所以主色调定为红、黄、绿，分别表示庆祝、理想和希望。但是这个配色是大胆的，搭配不好，就容易变得热烈有余而庄重不足，与如此重大的公务接待不匹配。所以在台型和布置的设计上，就要更加用心做好。餐台最后选择的是长方形的围桌，长有 20 多米，宽有五六米，餐台的设计主要集中在围桌的中央。依据台型，中央图案设计依然为长方形，图案的四周为食品雕刻的长城，长城的中央是一个鲜花组成的巨大如意，四个角为祥云充塞，突出地点出了平安如意的主题。整个图案以绿色为底色，象征无尽的希望。在主座的前后，还做了细微的设计，前方是九个食雕"鲤跃龙门"，后方是九个食雕龙柱，进一步阐述了中华龙腾、跃进发展的大势。整个摆台完成后，显得庄重大气，热烈隆重。

基本上，这场主题宴会的设计就由这方餐台

构成，虽然环境没有太多的布置，但是整个宴会气氛却并不显单调，庄重、大气、威严等昂扬积极的宴会气氛充满了整个大厅，让每位嘉宾都感觉到了这次庆典活动的非凡意义。宴会结束后，参会的领导给予高度的评价，我除了受宠若惊外，更感到一种莫大的安慰。公务接待的价值也许就在于此，通过悉心周到的接待，起到一种提振和鼓舞的作用，充分带动每位与会嘉宾对这场公务活动的目的有更深刻的认知，从而形成一种积极向上的精神，把接待理解为吃吃喝喝，是一种非常低级和狭隘的认识，把接待做好了，同样是一种精神的力量。

为主题宴会画出一双会说话的"眼睛"是如此的重要，甚至决定了一场宴会的成败。摆台是餐饮服务技能的重要内容，在我们单位内部，在湖南，在全国，每年都有专门的摆台设计技能比武大赛。要做好摆台，除了要心灵手巧外，还要有较好的文化修养、艺术素养和人生阅历，要有运用设计元素表达自己思想的能力。不管是主题宴会设计，还是单纯的摆台，我始终认为做到好看只是最基本的要求，而利用主题设计来传情达意，才是终极目的。就像一个人，有的虽然长相普通，但是为人诚恳，处世圆融，一样能赢得人们的信任；而有的人，虽然长相俊俏，但为人孤僻，处事浮夸，一样不招人待见。所以，我们在做宴会设计或主题摆台时，千万要避免言之无物，空有花架子。

餐台设计与布置不是纯粹的装饰美学和设计

美学，不是一味地追求艺术情调和个性主张，它始终是以实用性为基础设计，寓文化内涵、文明进步、精神愉悦于人类的餐饮活动之中，使人类在满足基本生理需求，保持和增进身体健康与安全的前提下，获取文化的感染与熏陶，传情达意，达到精神上的享受与进步。所以餐台设计是一种最接地气的设计，要始终以人为本。

因此，餐台设计与布置已不再是餐饮经营中的一项业务活动，而成为人类提高审美观念、学习文明礼仪、建设精神文明的开拓与示范，从而使餐台设计与布置从经济意义上的业务活动上升到具有社会意义的精神文明示范作用，达到提高人类身体健康与文明素质的目的。

一、实用性

餐台设计与布置是将供宾客使用的瓷器具加以艺术的陈列，也是餐台设计与布置中首要的原则。

实用性原则在餐台设计与布置中有三层含义。

一是餐台设计与布置的基本器具是以满足宾客的需要为前提的，要考虑摆放的位置，质量的高低。

二是餐台设计布置中的基本器具要适应不同风格之餐饮进食习惯和进餐的需要。比如，整蟹的制作加工，大虾、龙虾的制作加工，为体现菜品的整体色、香、味，尤其造型的特色，一般为原材料整体加工，它从一个方面突出了菜品的档次和特色，但另一方面却使进餐者在进食时感到

难以下手、下嘴。所以在餐台设计中根据菜品特点可以增加蟹钳、蟹针等独特餐具，既丰富了餐台的设计布置，又满足了宾客进餐的礼仪与实际需要，一举两得。另外，带骨食品的切割、味道较重的海鲜等菜品，在餐台设计布置中还要考虑补充洗手碗。

三是方便宾客。餐台设计与布置中，餐桌之间的距离、餐位的大小，餐椅、餐台的高度与相互之间的距离，都是能够体现是否方便宾客的设计思路。儿童宾客的餐椅是否加高，是否有护栏；残疾人宾客是否方便出入和使用餐台；以及餐具距离餐台边距，餐台的大小与服务方式等是否方便宾客，都是在餐台设计与布置中应考虑的主要因素。

二、观赏性

在实用性原则基础上的餐台设计与布置，根据是否符合宾客的基本进餐需要，是否适合不同餐饮风格，是否方便宾客等条件，结合文化传统、美学结构，将各种器具加以艺术的陈列与布置，达到使宾客精神愉悦的目的，这就是美观性原则对餐台设计与布置的基本要求。

餐台设计与布置的合理协调，能够提高宾客的审美享受，满足其学习的愿望。因此，在餐台设计与布置中，要有文明、进步、开拓精神消费品的意识，影响宾客，提高素质。

在餐台设计与布置中，观赏性原则的作用和目的有以下几点。

提高审美情趣

餐台设计与布置中精心设计的扬花造型，印刷精美、风格独特的菜单、酒单，强化式局部照明、烛光照明，根据餐饮场地、风格而布置的墙饰陈列，彬彬有礼的文明服务，都会在潜移默化中伴随宾客的进餐活动而提高其审美情趣。

提高服务质量

餐饮业的服务质量由三部分构成，即产品质量、环境质量与服务质量。产品质量是保证，环境质量是基础，服务质量是强化和提高。

餐台设计与布置综合考虑餐饮业服务的各方面，根据产品风格、质量，在设计时考虑餐具的品种、质量与数量；根据环境质量的要求，餐台设计时应遵循色彩协调、照明合理、环境舒适、清洁卫生的基本要求。良好的餐台设计与布置会使宾客对餐饮的服务质量产生深刻印象。

引导文明消费

由于社会发展，分工越来越细，专业化程度不断提高，一般宾客对餐饮出品的营养、科学加工技术以及饮食搭配对身体的作用了解不是太详尽。因此，餐台设计与布置中可以增加一些菜品的介绍性文字，甚至是营养成分说明，建议不同体质、年龄的客人使用不同的菜单，提倡科学饮食；同时，也可利用开放厨房向宾客展示餐饮品的加工制作方法，提供宾客学习的机会。

以下是餐台设计与布置中观赏性原则的具体体现：

- 餐具的摆放位置恰当。

- 餐具间的距离应均匀。

- 长短、高低之餐具搭配合理、错落有致。

- 每套餐具之间有明显的归属区别。

- 宴会餐台是否遵循某种图案的设计意图。

- 桌椅的摆放应整齐划一、无凌乱感。

- 每个餐台是否能得到服务人员的关照。

- 桌椅、餐台的色彩协调、平衡。

- 菜单的陈列是否恰到好处。

- 桌号牌是否清楚，便于看到。

- 餐台大小与进餐者人数相适应。

- 照明适度。

- 墙饰与餐饮风格一致。

- 服务者的着装体现出宴会特色。

- 方便提供周到服务。
- 各种辅助性服务标志明显。

三、区域性

餐台设计与布置中应充分考虑每位宾客、每个团体的需要，适当区隔，使所有的宾客都感到满意，因此，餐台设计与布置必须遵循区域性原则，既能方便宾客沟通交流，又为每位宾客布置出一块相对独立的空间。

餐台设计与布置中界域性原则主要表现有：

- 餐具按人配套且较为明显，不致使相邻宾客感到为难或混乱。
- 自助餐厅中取食和进食区域有明显之别。
- 根据礼仪规格，主人、主宾应有明显标志。

- 根据服务要求，预设服务位置。

- 利用灯光进行餐区区隔。

- 利用花草进行餐区区隔。

- 利用低墙或隔断进行餐区区隔。

- 利用餐台形式加以区隔。

- 利用台布颜色区别不同团体之间的餐区。

- 利用屏风进行餐区区隔。

- 菜单应呈示于主人、主宾或女宾餐位。

- 台号标识要明确、清晰，容易看到。

- 餐台间距要适当。

- 餐位大小要适宜。

- 考虑加餐位的可能性。

- 服务位置的设计应能全面关照宾客。

四、礼仪性

宴会在某种意义上来说，是一种文化和权力追逐的场所，所以餐台设计时，礼仪性是要充分考虑的重要事项，尤其对于一些重要宴会，更是不能有丝毫差错，要从宾客的声望、地位、举办宴会的目的，参加宴会的主客等各种情况，来制定餐台的台型和席位座次。

- 主人、主宾应面向入口。

- 主人、主宾应能环视宴饮场面。

- 主人、主宾应处于突出或中心的位置。

- 根据宴会的目的要求设计讲台。

- 准备祝贺用酒及酒水服务。

- 准备条幅、横幅等宴会标志性标题。

- 正确使用文字，根据宴会的主客身份和宴

请目标，决定使用的文字和书写打印方式。

- 正确使用国旗。

- 按照国际交往礼节安排翻译的位置。

- 餐花、餐巾折花应能适合宾客的习俗。

- 供应食品时应看是否有宗教信仰相左者。

- 餐椅与台布的颜色应适应宾客习俗。

- 对有民族忌讳的客人单独安排或事先说明。

- 从台面大小、器具品质等方面突出主餐台，切忌喧宾夺主。

- 服务的先后次序要遵循礼仪规范。

以上各方面是餐台设计与布置中礼仪性原则的基本要求和体现。

五、安全性

餐饮场所提供的是人类食品，关系到的是人类健康，它应当是引导文明消费的示范窗口，所以安全是餐饮行业提供饮食服务的前提与基础，餐台设计是应予考虑的重要因素之一。

- 保证餐具符合卫生标准。

- 正确握拿餐具的使用部位。

- 忌讳握拿餐具接触食物的部位。

- 保证身体健康，定期检查。

- 勤洗手，防止传播疾病。

- 餐巾的折叠简单、清洁。

- 餐具应充分洗涤、消毒。

- 餐台应定期彻底清洁。

- 设置公用餐具。

- 倡导分餐制。

- 设置洗手间且设备齐全。

餐台设计与布置应根据不同的餐饮风格、就餐形式、服务方式，以及餐饮企业的档次与目标宾客的需求有针对性地进行，才能使餐台设计与布置适应餐饮经营与市场需要。较为普遍的台型主要有四种：方形、方形围桌、圆形和圆形围桌。选择哪一种台型，需要根据就餐的形式、场地、人数、宾客的要求而定，同时还要根据台型与主题设计方案的契合度，综合选取一种最容易执行的台型。

餐台设计还涉及桌布、器皿、桌椅等的选择，这些都应该根据宴会设计的主题而定，桌布、器皿和桌椅的选择或优雅、或高贵、或浪漫、或热烈、或欢快、或庄重、或肃穆。其中器皿又是最具视觉影响力的元素。在现代的主题宴会设计中，对于器皿的重视被摆在了重中之重的位置，特别是一些诸如国宴等重要宴会，更是将器皿设计视为一项非常重要的工程，会根据主题宴会设计的要求，专门设计器皿的形状、色彩、图案和用途，每一套器皿都追求其与宴会主题相互契合，甚至有些宴会会把宴会使用的餐具当作礼品赠送给与会的嘉宾，以达到其巩固交际的目的。

在餐台设计中，花艺的运用也非常重要。通常，我们的许多创意图案，都是用花艺的方式来呈现的。比如我前面提到的"如意中国"的台面，就主要是通过花艺来实现的。鲜花不仅有各色花

种，其形状、香氛也各异，是进行台面布局时的天然笔墨，无论是哪一种图案，基本都可以通过花艺来实现。宴会与鲜花的关系有着非常悠久的历史。据史料记载，古罗马皇帝设宴时，在躺椅上撒满了百合花、紫罗兰和水仙花，更恐怖的是，在头顶还专门设有洒落紫罗兰等各色花瓣的机关，有时多得把宾客都埋得喘不过气来。

食品雕刻在宴会中的运用非常普遍，大到台面布置，小到餐饮装盘，都会运用到食品雕刻。食品雕刻的材料有很多，各种瓜类，比如我们常用的西瓜雕、南瓜雕、萝卜雕等，都可以雕刻出各种形象生动的雕塑作品。此外可以用面粉、巧克力等原料进行塑造，我曾经用巧克力塑造了 9 米多长的巨型老虎。根据宴会主题的需要，灵活利用食雕不仅能使宴会主题更加鲜明，还能增强宴会的观赏性，特别是一些细腻传神的食品雕刻，能一下子抓住宾客的眼球，增加宴会的乐趣和精神享受。

食雕源于中国，是悠久的中华饮食文化孕育出来的一颗璀璨的明珠，其历史源远流长。在《管子》一书中，就记载有"雕卵"，即在蛋壳之类的表面上进行雕画。至隋唐时期，人们又在酥酪、鸡蛋、脂油上进行雕镂，装饰在酒宴上。唐代韦巨源的烧尾宴，有一个"素蒸音声部"，共有七十多个食雕的小人，形态各异。到了宋代，人们把果品、姜、笋等食材雕成蜜饯，造型有鸟兽虫鱼与亭台楼阁等，千姿百态。清代乾隆、嘉庆年间，扬州席上，常有厨师们雕的"西瓜灯"；

北京城里，则流行西瓜雕成莲瓣的模样。像冬瓜盅、西瓜盅之类，更为常见。瓜皮上雕有精致的花纹，瓤内装有鸡鸭等美味，这些都能为宴席增色不少。所以食品雕刻是一门充满诗情画意的艺术，至今被外国朋友赞誉为"中国厨师的绝技"和"东方饮食艺术的明珠"。

随着时代的发展，我们的雕刻水平也在与时俱进，取材越来越广泛，运用范围也在不断扩大。食品雕刻日趋完善，表现手法更加细腻，设计更加逼真，制作更加精巧，艺术性更高。现在流行的新手法有琼脂雕、冰雕、面塑雕、泡沫雕、黄油雕、巧克力雕、糖雕等。新的雕刻手法的运用，使食雕色彩更加绚丽鲜艳、还可以产生独特的金属光泽和超难度的造型。

文明的使者

——次重要的新春招待宴"平安中国"

让一个文明得到另一个文明的认同和理解，对于我们最终实现世界大同而言，显得尤其重要。美食是文明交流天然的使者，世界上许多国家和民族对于中国的了解，我想大多都始于中华美食。而大多数中国人对于美国、法国、意大利、日本、韩国的了解，也与他们的美食分不开。一个民族

对另一个民族饮食上的亲和力，也会加快对另一个民族文化上的认同。如意大利、法国、韩国、美国等，都与中国人喜欢意大利面、法式牛排、韩国烤肉、美国汉堡等分不开。这些例子都证明，美食的好感度与民族的好感度似乎成正比关系。美食外交，一直是每个国家较为常用的手段之一。元首出国访问，必有国宴招待，餐桌是展现诚意、拉近关系最好的平台。

在我们国家，每年都会从网络上找到很多国宴招待的图文信息，而在国防部，几乎每年都举办一次新春招待宴，来宴请那些驻华的外国大使和武官。2004 年，我有幸被国防部邀请，进行当年新春招待宴的设计。之所以被邀请，也是因为 2003 年国防科技大学 50 周年校庆的那次宴会举办得很成功，所以第二年国防部就把我请了去。国防部留给我的时间不多，只有几天，当时压力非常大。我和国防部的宴会团队一起经历了两天两夜不眠不休的奋战，才完成了这次宴会设计。这次宴会设计与"如意中国"有些相似，主要也是通过台面设计来诠释主题。这次整个餐台是长条形，总长有50多米，宽有三四米。这次宴会设计，一是考虑营造喜庆、热烈的节日气氛；二是突出和平安宁的主旋律，因此整个主题设计以红、黄两色为主，热烈高贵，典雅庄重；用鲜花如意章构成主台面，彰显平安；其上立有十个支架，支架上是鲜花太极图，象征着圆满如意，和平包容，并巧妙地饰以用"心灵美"萝卜精雕的小金鱼和

小金币，寓意年年有余和恭喜发财；中间是一个巨大的食雕花瓶，数只代表该年生肖的猴子顽皮地攀爬在上面，用香芋雕成的巨型华表立于花瓶的两边，既表达了节日的问候，也表达了对外国友人国礼般的敬意；四周则以象征喜庆的中国花炮模型镶边，形成一道坚固的城墙，既融有洋洋的喜气，也向所有投身于国防事业的同志们表达了崇高的敬意，整个台面表现出吉祥、如意、平安、和谐、喜庆的主题寓意和岁岁平安的良好祝愿，大气中自显平和。在宴会设计中，我加入了许多中国文化元素，比如太极、年年有鱼、恭喜发财、华表、生肖等，比较集中地向外国友人展示了中国的春节文化。宴会结束后领导对我说："上次的主题摆台（指

"如意中国"主题宴会设计）我给你总结了一句话：'艺术形式与政治内容完美结合'，而这次是在向全世界展示中国烹饪及其深厚的文化内涵。"他的评价虽然有些拔高，但是体现了文化交流的作用，我还是心里有底的。我特别注意到，餐台上的那些食雕小金鱼和小钱币，都被外国友人当作小礼物带走了。所谓的文化交流，不就是无数次这种带走小金鱼的细微的认同和欣赏吗？

宴会是一种文化的存在，它历来就是民间交往、国家交往的主要形式之一，上到帝王将相、达官贵人，下到平民百姓、贩夫走卒，都需要通过宴会来交朋结友，寻求文化认同。对于国家来说，是寻求民族文化的认同；对于民间交往来说，

是寻求圈层文化或亚文化的认同。比如建安时期的邺下文人集团之间举行的游宴活动，囊括了"三曹"（曹操、曹丕、曹植）和除孔融外的"建安七子"，他们游园宴饮，吟诗作赋，同题共作，书信往来，形成了一个有着广泛影响的圈层文化。而宴会就是这个集团最主要的交往方式之一，他们就是在宴会上彼此欣赏、互相认同。

知道了宴会的文化属性，就能理解宴会的仪式感和礼仪属性，以及宴会艺术化的必然趋势。随着人类社会的不断发展，宴会的重要性不断提高，社会间越来越广泛和频繁的交往，强化了宴会作为反映社会最佳载体的功能。中世纪晚期的骑士文学中，宴会总是象征着欢乐与和谐，是展示自身良好教养和大献殷勤的场合。而我们也第一次见到了大量的视觉艺术，这些描绘以诸如《最后的晚餐》等圣经故事为原型，刻画了世俗社会的饮食情况。又如在《红楼梦》中，描写很多大大小小的宴会，包括宴会的布置、器皿的考究、饮宴的礼仪、行酒令、吟诗作对、赏花赏月等，林林总总，事无巨细都有描述，向我们展示了那个时代贵族们的宴饮生活。

宴会越来越重要，对于宴会的布置也肯定会越来越讲究，宴会中的一切陈设，都慢慢开始打上高雅艺术的烙印。考究的瓷器、印花的桌布、专门的宴会服装、金银的碗筷，人们也逐渐开始讲究在什么样的环境下宴饮，有在厅堂的，有在月下荷塘边的，也有在山野围猎后的篝火宴会。

宴会逐渐演变成名利场，有阶级的划分，有礼仪的规制，有开餐的仪式。从世俗到宗教，宴会的影响开始无处不在。比如《最后的晚餐》是宗教中的宴会场景，而在那场宴会中，我们看出了与会人员等次和忠奸。再比如，那个时候的骑士，对他最大的伤害和惩罚，就是在餐桌上划破他左右两边的桌布，以此来表示因他有损团队荣誉而被大家孤立。再比如，宫廷用的贡瓷，民间不准使用。到了这个时候，宴会上的礼仪显得残酷起来，人们在餐桌上的举止甚至开始决定着人们的命运。如果有人胆敢在宴会上失礼，很快，轻则被视为没有礼教的下流人，重则会受到严厉的处罚。1464 年，伦敦市长勋爵应皇家高级律师们的邀请前往赴宴，结果却发现伍斯特伯爵坐在了他的位置上，"因为在伦敦，市长在一切讲究礼仪的场所的位置仅次于国王"。看到自己的合法位置被侵占，市长和他的随从立即打道回府，自己大摆宴席。高级律师们羞愧难当，忙不迭地送去"肉、面包、葡萄酒以及无数的美食"，向市长谢罪。这一笔，被史官郑重地记录在《伦敦市长编年史》中："市长的尊严得以维护，没有丧失。"

社会等级不仅决定了一个人的位次，还决定了他所应享受的礼仪对待，包括食物、器皿和服务。比如在日本以及中国早些时期，由于男尊女卑，男人吃饭时，女人是不准坐上餐桌的。还比如，在我们的生活中，也常常发生因为宴会礼仪不周，主、宾位次不当产生的不快，长久的私下

埋怨，严重的时候则会影响私交。在大多数宴会中，上菜的次序也等级森严，一般是先从主桌开始，有的要等主桌上满三道菜以上，才开始上其他餐桌的菜。1517年，英国曾经颁布一个法令，规定宴会所上菜的数目"应当根据在场最高等级之人予以调节"：即红衣主教九道菜，国会成员勋爵六道菜，年收入达到500英镑以上的公民三道菜。其实这种规定，在我们现代社会中，依然无处不在，不同的层级，有着不同的用餐标准。

人们的交往，首先是在一定的礼仪下进行的，文明的交流也自然有着某种礼仪的约束。在宴会设计时，只有尊重不同的礼仪规制、认同差异，才能最终让宴会变成文化交流的平台，否则就可能成为文明冲突的名利场。

宴会中的情与景

——从湖北省一个代表团来湘交流说起

　　湖南、湖北是相邻的兄弟省份，同属楚文化的发源地，甚至在大多数历史时期，被同一个地方政权管辖，世称"两湖"。这样紧密相连的两个兄弟省份，相互间的政务交流活动肯定比较密切频繁。在我担任湖南省委九所宾馆总经理的第一年，就迎来了又一次的湖北省一个代表团来湘交流

考察，而且是一个高规格的代表团，由省委主要负责人亲自带队。省里非常重视，给我们接待单位的压力当然很大，何况我首次作为接待单位的主要负责人，更感压力倍增。对于我们来说，如何安排好代表团来湘的第一次宴会和离开时的最后一次宴会，是重中之重。

在设计第一场主题宴会时，我做的是同根同源兄弟省份的定位，宴会设计主打"兄弟情深，荣辱与共"。所以宴会设计的文化概念是使用了"云梦泽"这样一个共同承继的地理标记，而在设计元素选择上，使用的是云梦泽中的"楚莲"、游鱼和湖水，亲密无间采楚莲，这是一种合作无间、生长在同一片山川河流、山水相依、共同孕育出楚文化的两省之间的兄弟情深。

　　而告别的那一次宴会，我定位是两省亲密合作后的丰收。在宴会的餐台上，我们洒满了金色瓜果和蔬菜，金灿灿的，铺陈出一条丰收的金色大道。

　　情深而来，满载而归，全程的公务接待让湖北代表团非常感动，因为我们的宴会虽然简朴，但是却充满浓情厚谊，充分表达了湖湘儿女对荆楚人民的兄弟情义。代表团回去后，又专门派了一个接待的代表团，来专门学习我们的接待经验。

　　其实，我开始做宴会设计是迫不得已。因为湖南省的接待条件有限，既然硬件条件有限，就要多用心、多用情，把主题宴会设计做好，以期从这上面找回一些"面子"，为我们省的接待工作争争光。虽然起初的缘由有些无奈，不过一直坚持着做

下来，却发现动心思的主题设计远比好的物质条件管用，更能打动重宾的心。因为物质再好，只要花钱就能做到。而一个好的主题设计，好的就餐氛围，却是要真正用心去做才能得到的。每次宴会活动完成后，领导对我们的赞扬常常不是菜做得怎么怎么样，而是夸我们的宴会策划很成功，宴会设计做得很出色，很用心，领导很感动。毕竟，物质能打动的只有生理上的感觉，而心情还是只能用心去感动。

在当前的形势下，公务接待转型，我们更需要从精神层面、文化层面去努力，才能发挥出接待工作的价值。我们提倡大接待，通过接待树立地区品牌和形象，那我们应该怎么去做？是不是给重宾提供更优越的硬件条件就有形象有品牌了？我想，这还得靠我们的服务，尤其靠我们的个性化服务，而主题宴会设计尤其能体现出服务的个性化。主题宴会可以通过文化、光影、情景传递更加贴切的情感，用以表达服务提供者对服务接受者的爱戴、尊敬、崇尚、歌颂、祝福等深层次感情，这是其他服务所不能替代和实现的。同时，宴会设计也是展现地域文化的良好载体。宴会的场景布置、摆台、服务等是一个开放的平台。一个好的宴会设计，它能包罗历史、地理、民俗、书法、绘画、诗歌、语言、音乐等各种文化符号，能非常宽广地展现一个地区的文化特色和底蕴，从而能够达到展示地区风采、树立地区形象的目的。归根结底，宴会设计就是一场情与景的调动和交融。

首先，情景交融是做好主题宴会的根本，而

如何去做，却没有一定之规，只要你用了真情，造了真景，就能换回真心。所谓真情真景，就是一情一景，量身打造，而不是生搬硬套，千篇一律。就是要把握每次宴会活动的政治性、目的性，综合考虑天、地、人各种要素，做到设计有的放矢，量身定制。同时，还要对与会人员的群体特征进行把握和分析，不同的人群，运用不同格调的宴会设计。对俗人，如果设计得高雅脱俗，就会曲高和寡；对雅士，如果设计得俗套肤浅，就会变成下里巴人。宴会设计的目的是要产生共鸣和交流，否则，就会对牛弹琴，白费工夫。

其次，是要"博"。所谓"博"，就是要多积累元素和素材，培养一定的审美能力。对各种元素和素材的表现方式和意义做到胸有成竹，这样在进行设计创意的时候，才会得心应手，迸发出好的点子来。对各种元素符号的理解和把握，是做好宴会设计的基本功。

最后，是要"精"。所谓"精"，就是要严格按照设计方案制作出精品来，这考量到制作团队的执行力问题。一个好的想法，如果粗制滥造，就会变成次品；而一个普通的想法，如果精雕细琢，则可能做出精品。因此，有了好的想法，还必须有好的执行力。这就需要在从设计到制作的过程中，表现出良好的控制力来，对每一道工序、每一个材质的运用都进行严格的把关。

秀色盘中餐

——盘式艺术在主题宴会中的运用

主题宴会是一个系统工程，每一道工序，每一项服务，每一个物件，都可以通过精心的设计，来展现出别样的意义，令宴会主题内蕴生动。大到环境的布置、餐台的设计，小到筷子筷套、桌签菜单的设计，都能别具韵味。而其中盘式艺术的运用，也能让整个宴会变得雅趣横生，细腻动人。

不管任何宴会，最直接的享受和参与，就是一起享用美食。而如何创造出一份美食，用今天的眼光来看，不仅仅是口味惬意那么简单。美食最原始的意义，仅仅是指美味的食物，而今天的美食，美味只是一个基础，它同时还应拥有美色、美形。这证明了人们对食物观念的巨大改变，人们不仅希望吃到好吃的食物，还希望在食物丰富的色彩之中、美好的造型之中，调动心灵的审美情趣，获得全身心的满足，从纯物质的享用提升到物质与精神的双重享用。因此，在今天的烹饪中，美色、美形发挥着越来越重要的作用，它们在美味的基础上，奠定了美食品位和格调。

所谓盘式艺术，就是菜品装盘的艺术，就是塑造菜品外形美的艺术，是通过独特造型和美学设

计，通过刀工成型、装盘造型，让菜品看起来别具趣味的一种艺术。刀工成型包括各种刀口（如丁、片、丝、条、粒等）及相互间的合理搭配成形；装盘造型包括菜肴外表形态的表现方式及点缀围边装饰和器皿衬托。菜肴外表形态的表现方式又包括装盘的式样、菜肴造型的各种方法及手法的表现。

菜肴的形，不仅包括各种艺术造型，还包括了各式几何形、自然形。千百年来，菜肴造型一直被司厨者追求：刀工精细，整齐划一，自然朴实，典雅大方，形态逼真，装盘美观。丰富多彩的优美造型艺术，不仅可以提高菜肴的艺术价值和经济价值，更能激发食欲，引人遐想，寄物寓意，给人一种精神上和物质上的完美享受。中国烹饪源远流长，菜肴品种丰富多彩，随之应运而生的各式造型菜肴也不计其数，如"松鼠桂鱼""琵琶虾""八宝葫芦鸭""菊花鱼"，以及雕刻精美的各式瓜盅，无不是以美形和美味，而成为经典名菜。而这一结果却又跟中国烹饪菜肴制作的灵活性分不开，它是西式菜肴所不可比拟的。手工操作、经验把握、烹调方法的复杂多样，因人而异的创作能力，不同的技术水平，不一样的审美尺度，不一样的价值取向等，造就了中国菜肴品种的万千名目、造型的无穷花色。正是这诸多的可变因素，才充分发挥了司厨者的聪明才智，极大地推动了烹饪技术水平的提高，促进了中国食文化的发展，使中国食文化充溢着丰富的想象力和创造力。但同时，也带来了仁者见仁、智者见智的菜肴造型的千差万别。一个厨师一个样，

一地厨师一个样。但无论菜肴之形如何变化，食者总是愿意接受一些造型优美、自然朴实大方、以食用为本、以味为先的菜肴。菜肴造型隶属于烹饪美学的范畴，而烹饪美学最大的两个特性便是"综合性"与"食用性"。"综合性"道出了隶属范畴之内的造型方面的广度与深度；"食用性"则说明了菜肴以食用为本、以味为先的基本原则。任何违背了食用性为主的过分追求精雕细琢、华而不实、喧宾夺主、杂乱无章、搞花架子的菜肴都将受到食用者的蔑视与反对。

要创造出一道形式典雅、造型优美、食用性强的菜肴，则有必要了解菜肴造型之种类和造型的法则、规律以及手法，以便有理可依，有章可循。菜肴造型之分类方法有诸多种。其一，从狭义上来划分，可分为动物类造型、植物类造型、几何类型、静物类型等；从广义上来划分，有各式飞禽走兽、鱼虾水产类造型，各种花草树木造型，各类果实造型包括长方形、圆形、椭圆形、放射形造型等，各种花瓶、篮子、龙舟等静物造型，其种类数不胜数。其二，从菜肴的冷热程度划分，可分为冷菜造型和热菜造型。热菜造型通常分为两种，一种为普通造型，一种为艺术造型。普通造型，追求刀工精细，装盘得体，造型自然，朴素大方。艺术造型则是以神似为主，追求一种神似，如徽菜中的名菜"凤炖牡丹"，以鸡喻凤，以猪肚切片拼摆成花形作牡丹，追求的是一种神似。鲁菜中的"乌龙戏珠"，以海参作龙，以冬瓜丸喻珠也同样如此。冷菜造型相对热菜造型来说

则有更大的创作空间和更高的造型要求。冷菜原料一般先烹制而后切制装配，有较多的美化菜肴的时间，能够进行精切细摆，同时也减少了破坏菜肴的可能。在造型上以形似为主，它能够以非常明确的形式将宴会的主题充分表现出来，意境突出；能够抓住宴会的主题，能够引导人们进入宴会的意境，从而渲染宴会的气氛。如婚宴上以一道"鸳鸯戏水"或者"龙凤呈祥"的冷盘来烘托气氛，渲染主题；寿宴上以一道"松鹤延年"或"鹤鹿同春"来表达人们的祝贺之意；好友相聚则以一道"岁寒三友"（松竹梅）或"梅兰竹菊"来表达友谊之情。它能非常直观且明了地表现出人们的良好愿望，而这些是热菜所不及的。热菜多为酥烂、细嫩之物，不利于烹后切割，更不利于细刀工的再次表现。热菜中有许多菜带有一定量的汤汁，稠黏多味，而且易受串味的制约，因此它不利于拼盘。同时热菜还受温度的影响，温度的高低直接决定着菜肴的质量，因而不能长时间拼摆堆叠造型。其三，从菜肴造型的原料品种划分，可分为单一原料造型和多样原料造型。单一原料造型如"东坡肉""清蒸鱼""白切鸡"等；多种原料造型如"五彩鱼丝""什锦虾球""梅菜扣肉""溜核桃鸡"等。其四，按造型方式划分，可分为单体造型和组合造型。单体造型如"炸鱼排""香酥凤翅""凤尾虾排"；组合造型是两种或两种以上原料经单独加工，然后组拼成一个造型的方法，这是菜肴造型中经常使用、也是司厨者乐用的一种方法，如"龙井鲍鱼""片皮鸭""明

珠甲鱼""梅菜酥排"等，它具有一菜多味、多料、多色之特点。

造型在菜肴中具有非常特殊的魅力。创造美观大方、形象悦目的造型菜时，更需要遵循一定的形式法则，掌握造型的一般规律，加上娴熟高超的烹饪技术，才能在菜肴之形的创造过程中得心应手，胸有成竹。菜肴造型的形式法则有：

第一，单纯一致，即前面所述的单一原料造型，是一种看不到对立因素的形式美，没有粗细、大小、厚薄、长短之分，给人一种纯洁明净、整齐划一、简朴自然的美。如一些单一材料的冷拼、热菜等。

第二，对称均衡，即以盛器的中心为基准，或以假想物为中心，使盛放在器皿中的菜肴各个部分构成均等。此种菜肴造型能使人有一种整齐、平稳、宁静之感，具有圆润饱满，庄重统一的效果。但是运用不当，则会产生呆板、缺乏活力的感觉。因此，在此种造型中，通常需要我们根据整体造型，有破有立，打破呆板形式。

第三，尺度比例，菜肴造型是在方寸大盘中进行的。根据各种尺度比例，创造出形态各异的花草树木、亭台楼阁、山水人物、飞禽走兽。但在这些创造中，如果不遵循器皿的尺度比例，则无法创造出美来。所谓"依器度形、依器度量"，就是需要菜肴造型跟器皿选择完美地结合起来，只有这样，才能有利于突出表现主料，使菜肴与器皿合二为一。尺度比例的另一层意思，是指菜肴造型本身之间的比例。只有处理好比例，才能突出重点，主次分明。

第四，调和对比，这是一种对立统一的关系，调和在于求同，对比在于求异，在餐盘中摆放两种或两种以上的造型，则会产生调和与对比的关系，比如色彩对比、形状对比等。调和与对比，要兼而有之，如只用其一，则要么缺乏生机，要么产生不协调之感。但调和与对比运用，则应有重点。以调和为主，则有优雅宁静之美；以对比为主，则有跌宕起伏、多姿多彩的效果。

第五，节奏与韵律。菜肴造型时，通常需要通过重复或渐次感来表现节奏和韵律。重复，是指一个单位有序地重复出现；而渐次，则正好相反，有逐渐变化的意思，使整个造型富有韵味，生动活泼。

第六，多样统一，又叫和谐，是菜肴造型中的最高法则。多样，是指各种造型之间的差异；统一，是指各种造型之间的联系，合乎规律、自然合一。

菜肴造型，或夸张、或写实、或写意，需要我们在实践中灵活把握，根据宴席的整体设计而定。

做好盘式设计，当然还需要掌握一些基本造型手段，如塑形、包裹、裱绘等，这需要我们对各种食材的特性有准确的把握。同时，还要熟知一些造型工具运用方法。

中国菜肴的造型方法很多，有单一方法，也有复合法，但无论采用何种，都要有较高的艺术修养和技术水平，要利用原料的自然属性设计造型，杜绝过分精雕细琢，力戒粗糙杂乱；在点缀时要注意生熟分开，点缀饰物要用可食性原料，同时，更为重要的是要注意食品卫生，防止因过分追求造型而使菜肴受污染。

记

宴席是餐饮的最高形式

宴席是餐饮的最高形式，核心是人，载体是
美食，内涵是民俗与文化，形式是餐饮文化的一
场绚烂盛宴。主题宴会设计不是一成不变的固化
体系，而是随着时代的发展而发展。食物的丰富，
烹饪手段的更新，就餐形式的变革，文化的雅和
俗、中与西、新与旧，都在影响着主题宴会设计
的主旨和表现方式。本书中，我所经历的那些宴

会设计以及所提供的一些经验和心得分享，绝不是什么金科玉律、权威之声与操作指南，而仅仅是"抛砖引玉"，抛出过去的"砖"，引来发展革新的"玉"。

中国的餐饮文化源远流长、博大精深，做好一场主题宴会设计，不仅仅是为了服务好宾客，取得一定的经济效益，而是通过餐饮、文化、艺术等综合手段的运用，提升民族的生活情趣，展现中华文化的灿烂之光。我们在设计每场主题宴会的时候，都是在努力使中华传统文化与现代文化产生良好的交集，使传统文化、现代文明、宴会主题相得益彰，从而以宴会的形式不断推动一种文化创新。

亨廷顿说，世界的冲突，本质上是文明的冲

突，世界的竞争，是文明的竞争。中华文明是最古老的文明之一，中国餐饮正是这个古老文明的重要组成部分。它不仅是中国的，也是世界文明的宝贵财富。因此，我们每个餐饮人，都应该从文化的角度，去思考主题宴会的设计与进行，为提升新中国的文化竞争力，贡献自己的绵薄之力，在自己的领域里，让中华文化在世界文明的大舞台上，绽放耀眼的光芒。

张志君

2021 年元旦于长沙岚峰堂